Sur la Vie

LETTRE

A MONSIEUR LE DOCTEUR BERGERON

SECRÉTAIRE PERPÉTUEL

DE L'ACADÉMIE DE MÉDECINE

PAR LE DOCTEUR E. BARTHEZ

MEMBRE DE L'ACADÉMIE DE MÉDECINE

BERGERAC

IMPRIMERIE GÉNÉRALE DU SUD-OUEST

3, rue Saint-Esprit

PARIS

G. MASSON

Libraire de l'Académie de Médecine

120, boulevard Saint-Germain

1891

SUR LA VIE

Sur la Vie

LETTRE

A MONSIEUR LE DOCTEUR BERGERON

SECRÉTAIRE PERPÉTUEL

DE L'ACADÉMIE DE MÉDECINE

PAR LE DOCTEUR E. BARTHEZ

MEMBRE DE L'ACADÉMIE DE MÉDECINE

>—I—←

<table>
<tr><td>BERGERAC</td><td>PARIS</td></tr>
<tr><td>IMPRIMERIE GÉNÉRALE DU SUD-OUEST</td><td>G. MASSON</td></tr>
<tr><td></td><td>Libraire de l'Académie de Médecine</td></tr>
<tr><td>3, rue Saint-Esprit</td><td>120, boulevard Saint-Germain</td></tr>
</table>

1891

SUR LA VIE

A MONSIEUR

LE DOCTEUR BERGERON

Secrétaire Perpétuel de l'Académie de Médecine

A PROPOS DE L'ÉLOGE DU PROFESSEUR CHAUFFARD

Mon cher Ami,

Vous avez lu, l'an dernier, devant l'Académie de médecine l'éloge de l'un de ses membres les plus éminents. A ce moment je vous ai dit combien cet éloge de Chauffard m'avait charmé et quelle satisfaction j'avais éprouvée à voir rappeler le souvenir d'un homme qui a si hautement tenu le drapeau des doctrines spiritualistes. Ces doctrines vous n'avez pas cru devoir les aborder en entier et vous vous êtes borné à exposer et à discuter la partie médicale de l'œuvre de Chauffard. Vous avez eu raison. Devant l'Académie de médecine il était convenable d'insister sur les questions médicales et de laisser un peu dans l'ombre la partie philosophique de cette œuvre.

Votre bel éloge m'a rappelé une vieille lettre que j'allais adresser à notre collègue lorsque sa mort inopinée vint la rendre inutile. Vitaliste comme lui je n'admettais pas cependant sa conception de la vie et je lui exposais mes objections. Je vous ai communiqué cette lettre qui me paraissait être une suite naturelle de votre travail. Vous avez bien voulu l'approuver et m'engager, malgré son ancienneté, à la publier.

Après réflexion nous sommes tombés d'accord que le sujet qu'elle traite n'est plus à l'ordre du jour; que le courant de la science médicale nous emporte d'un tout autre côté, que ces questions doctrinales sont tout-à-fait démodées, qu'on les juge inutiles, qu'il n'y a pas lieu à chercher à les ressusciter ; enfin que Chauffard, seul intéressé à me répondre, n'étant plus là, il n'y avait pas lieu à faire cette publication inopportune.

Cependant je me décide à mettre au jour cette lettre si vieille et voici pourquoi. Je crois qu'elle vise plus loin que ne le font mes objections à la conception vitaliste de Chauffard. Aujourd'hui la science des choses de la nature a la prétention d'avoir résolu des questions qui ne sont pas de son ressort, et entre autres celles qui sont effleurées dans ma lettre. Si j'admets que les discussions sur ces sujets sont inutiles dans le moment actuel et qu'elles prendraient un temps mieux employé ailleurs, je ne puis pas m'empêcher de protester — et n'est-ce pas un devoir de le faire ? — contre des assertions qui me semblent mal fondées ; c'est-à-dire je ne puis pas admettre que l'inutilité de la discussion tienne à ce que ces questions sont résolues. Je suis profondément étonné de voir des savants, dont j'admire les travaux, l'affirmer imperturbablement sans que leur confiance soit ébranlée par l'opinion contraire d'un bon nombre de savants. Certes il existe de nos jours des hommes assez remarquables par leur savoir, par leur intelligence, par leur loyauté pour qu'il ne soit pas permis de les taxer d'ignorance, pas plus que d'inintelligence et de duplicité, et qui se refusent à admettre que par la connaissance des lois physiques la science a renversé sans retour la notion du surnaturel.

Cette question, que l'humanité remue depuis des siècles, n'est pas plus résolue par la science d'aujourd'hui que par celle d'autrefois et cela pour cette raison qu'elle est insoluble par la science physique. Cette science n'a le droit de s'occuper que de ce qui tombe sous les sens et de ce qui ressort immédiatement de ses expériences. Si elle se bornait à dire je ne vois pas le surnaturel, j'ignore ce qu'il en est et je n'ai pas à m'en occuper, je pourrais plaindre ceux qui pensent ainsi, mais je les comprendrais et je ne serais pas révolté.

Quant à la philosophie, elle peut ratiociner sur ces sujets, et soutenir le pour ou le contre ; je me contente, pour soutenir mon opinion, de renvoyer à l'ouvrage de deux philosophes dont il n'est permis à personne de contester la valeur (1).

D'autre part, sans m'élever jusqu'à la question du surnaturel et pour m'en tenir à celle du vitalisme, je suis étonné de voir des savants affirmer que la reconstitution artificielle de la matière organique a renversé la notion du vitalisme en démontrant que les forces vitales ne sont qu'une transformation des forces physiques. La science n'a pas encore démontré, que je sache, que la matière inorganique se transforme par ses propres forces en matière organique. On l'a dit mais on ne l'a pas prouvé directement et scientifiquement (2). De même qu'il faut la vie pour faire la vie, de même il faut la vie pour transformer la matière inorganique en matière organique. La matière inorganique n'a jamais construit à elle seule une locomotive courant sur des rails de fer. Elle ne construit pas davantage la matière organique. Pour atteindre ces buts il lui faut le concours de la vie

(1) Paul Janet. *Le matérialisme contemporain*. Caro. *L'Idée de Dieu.*

(2) Voir le livre de **D.** Cochin sur la vie,

ou celui de l'intelligence humaine qui est encore la vie. Consciente ou inconsciente la vie est indispensable pour la reconstitution de la matière organique. La vie, pour son œuvre, se sert des forces physiques sans les changer, sans les détruire : Elle leur est supérieure, elle les dirige, mais elle n'en est pas la transformation (1).

Mais je ne veux pas me laisser aller à des développements qui me mèneraient trop loin. Car ma lettre à Chauffard n'a pas pour but de raviver des discussions inopportunes et que, comme vous, je crois très inutiles. Elle n'a pas non plus pour but, et je n'en ai pas l'espoir, de convaincre les savants dont je ne partage pas les opinions si absolues. Je la publie comme une simple protestation avec l'espoir d'être soutenu par l'affirmation de savants plus savants que moi et qui, comme moi, se refusent à admettre des prétentions scientifiques aussi inadmissibles qu'elles sont dangereuses. Car leur conséquence est de détruire chez

----

(1) Voir Lettre à Poggiale sur le vitalisme de P. J. Barthez, *Gazette médicale* 19 novembre 1864.

l'homme la notion de sa liberté et de sa responsabilité. On l'a bien vu dans certains congrès scientifiques.

A MONSIEUR

LE PROFESSEUR CHAUFFARD

Mon cher Confrère,

Ainsi que je vous l'ai dit, j'ai lu votre livre sur la vie ; je l'ai lu, relu et annoté. C'est vous affirmer que j'ai trouvé un grand charme à cette lecture et j'ajoute que j'y ai puisé une instruction réelle. Il en a été ainsi parce que jai trouvé dans cette collection de mémoires, non seulement le fond vitaliste qui m'est commun avec vous, mais aussi des pensées tout-à-fait neuves pour moi ; parce que vous m'avez apporté des preuves là où je n'avais guère que des convictions *à priori* et insuffisamment réfléchies ; parce que vous m'avez donné l'explication de faits jusqu'alors peu ou mal compris par moi ; parce que vous avez

réfuté, victorieusement à mes yeux, des assertions et des opinions qui me répugnaient, mais
que je n'avais pas le moyen de réfuter ; enfin
parce que vous vous êtes posé comme l'un
des champions les plus ardents, les plus éclai-
rés, les plus sérieux du spiritualisme et du
vitalisme.

Ce livre a donc été comme une bonne œuvre
que vous avez faite à mon endroit, et je
désire qu'il vous fasse dans notre monde
médical autant d'honneur qu'il me paraît le
mériter.

Après ces paroles sincères, que je vous
adresse avec grand plaisir, serez vous étonné
si j'ajoute que cependant il se trouve entre
nous quelques dissidences peu importantes ?
Vous n'en serez pas surpris, car, vous le
savez, toutes les feuilles d'un même arbre
sont loin d'être identiques bien qu'elles exé-
cutent la même fonction dans la même unité.
Ces dissidences de détail que j'attribue plutôt
à mon insuffisance philosophique qu'à une
erreur de votre part, je les laisse de côté et
je ne vous en parlerai pas, jugeant qu'elles ne
méritent pas de vous occuper.

Mais je ne puis m'empêcher, non pas de

vous faire une objetion — *non dignus* — mais de vous exprimer une crainte que m'inspire votre conception de la vie. Un mot d'explication pourra dissiper cette crainte et me permettre de marcher dans votre voie avec plus d'assurance que je ne le fais aujourd'hui.

Sauf erreur, voici le résumé de la thèse que vous soutenez. L'âme ou la cause vitale (c'est tout un pour vous) est une force réalisée par l'évolution organique, et trouvant l'être dans l'évolution qu'elle réalise; car la force, en dehors du composé qui la réalise et qu'elle réalise est une abstraction impossible, une fiction pure, une cause vue sans aucun de ses effets nécessaires.

L'âme de tout ce qui est vivant réalise donc un composé — ou individu un — qui la réalise elle-même; elle pénètre cet individu à l'infini, elle constitue son unité, elle a sa finalité propre, sa spontanéité et elle se perpétue par génération, comme vous le dites dans de très belles pages.

Dans cet individu la matière est et reste soumise aux forces physico-chimiques, qui n'y sont ni combattues ni détruites, mais seulement soumises par une sorte d'hiérarchie à la force vitale pour être dirigées suivant sa finalité. Car la matière et les forces physiques ne sont que les conditions indispensables de l'action de la cause vitale.

Ce sont là de grandes et belles idées que j'accepte d'autant plus volontiers qu'elles ne renversent pas l'opinion que je m'étais faite de la force vitale; elles ne font que la perfectionner. Je les trouve acceptables lorsque je les applique à toute vie végétale ou animale entièrement périssable. Mais lorsque j'arrive à l'homme, une crainte me saisit.

La cause vitale née par le fait de la fécondation de la cellule première, se confond avec elle, la fait évoluer, évolue avec elle, en vertu de sa spontanéité et suivant sa finalité.... et lorsque cette finalité est arrivée à son terme l'individu meurt le composé cesse d'être une unité, il n'en reste rien qu'une matière uniquement soumise aux lois physico-chimiques. La cause qui constituait ce composé en un individu disparaît et ne peut plus être; car la vie ne se perpétue que par la génération et par la continuité de l'espèce qui est la réalité de ce dont l'individu est l'ombre.

Mais dans tout cela que devient l'immortalité de l'âme humaine ? L'âme ou la cause de la vie (ce sont à vos yeux les deux noms d'une même chose), cesse d'exister comme celle des plantes ou des animaux et au même titre. Son évolution individuelle est terminée. La concevoir autrement et sans son composé corporel, c'est, d'après vous, une fiction pure, c'est une abstraction impossible : car elle n'est pas une force substantialisée en elle-même en dehors de toute forme visible.

Donc dans votre conception de la vie, l'idée de l'immortalité de l'âme humaine sombre au même degré et par les mêmes raisonnements que pour l'âme des animaux. Voilà ma crainte.

Mais je vais plus loin et plus haut.

Que devient Dieu, cette activité intelligente comme l'appelle Caro, cette âme du monde, comme le disent volontiers certains philosophes ? Dès que vous ne pouvez pas ou ne voulez pas accepter la possibilité de l'existence d'une cause substantialisée en elle-même en dehors de toute forme matérielle, vous êtes obligé de chercher la substance que Dieu, cette cause universelle, organise. Cette substance, c'est l'univers, avec lequel il évolue en le faisant évoluer, qu'il réalise et dans lequel il se réalise et en dehors de cette unité — Dieu univers — vous ne concevez rien; car une force sans ce qu'elle réalise et qui la réalise n'est qu'une abstraction impossible, une fiction pure... N'est-ce pas là une forme du Panthéisme ?

Encore une fois voilà ma crainte. Vous me paraissez donner des armes aux matérialistes, car à votre conception de la vie on ajoutera :

L'homme étant un individu un qui évolue suivant sa finalité, son évolution terminée, il meurt tout entier : Donc pas d'âme immortelle.

A la conception du monde qui est la même que la précédente, on ajoutera : Dieu — cause universelle — évolue avec l'univers suivant sa finalité. Donc, avant le début de toutes choses, s'il y a eu un début, cette cause n'existait pas par elle-même et n'était pas substantialisée en elle-même. En outre, s'il arrive que l'univers périsse, par là même, la cause aura épuisé sa finalité et cessera d'exister.

Pas d'âme immortelle, pas de Dieu éternel et créateur ! Les matérialistes ne seront-ils pas satisfaits de ce vitalisme, de ce spiritualisme, que notre collègue et ami Pidoux qualifierait peut-être d'organiques et que je dirais volontiers matérialistes ou platoniques pour adoucir le terme ?

Je sais parfaitement que la portée de notre intelligence ne va pas jusqu'à la connaissance de la force en dehors du composé qu'elle réalise au moyen des conditions qui sont les matériaux de son travail. Nous ne pouvons pas l'étudier en elle-même, ni déterminer ce qu'elle est; car elle ne se fait connaître à nous que par ses effets : mais dire que je ne puis pas concevoir son existence (je dis son existence et non pas sa nature) par abstraction et en dehors de ses effets n'est-ce pas aller trop loin ? Mon intelligence est bornée; je sais qu'il y a dans l'univers et dans moi-même des choses qui la dépassent : et cela m'aide à accepter qu'il peut exister une intelligence incompréhensible à la mienne, qui est sans doute d'autre nature que la mienne, mais qui au moins la surpasse comme la votre surpasse celle de l'idiot incapable de comprendre votre lèvre, ni même de s'en faire une idée. Un aveugle né aurait-il le droit de nier l'existence des couleurs parce qu'il ne saurait les comprendre.

Je vais plus loin et je soutiens qu'il n'est pas du tout nécessaire qu'une cause naisse, se substantialise et évolue avec les conditions de son action. Elle peut exister sans ces conditions et quand elle agit elle substantialise ses actes, mais non pas elle même. Elle peut être tout à fait indépendante de ces actes et exister en dehors d'eux : L'intelligence de l'homme qui a *conçu* et *construit* l'horloge, dont la marche sera d'un mois, n'est pas substantialisée dans et par cette horloge et cependant celle-ci se meut dans la finalité qui lui a été assignée par l'intelligence. Ici la cause, c'est-à-dire l'intelligence est complètement isolée de son acte, — c'est-à-dire l'horloge, et n'est pas substantialisée en lui et par lui. C'est à peu près ainsi que je conçois, la cause, Dieu, substantielle par elle-même, ayant organisé l'univers qui marche sous l'impulsion de cette cause qui lui reste substantiellement étrangère; c'est à peu près ainsi que je conçois l'âme substantialisée indépendamment du corps vivant (1).

La substance de Dieu, la substance de l'âme je ne les connais pas, je ne les comprends pas, je ne les conçois même pas; mais je conçois la possibilité de leur existence; et ces substances, je ne peux pas les faire naître, évoluer et se réaliser dans leurs actes. Car ce serait dire que l'effet se terminant, la cause serait par là même terminée. Univers mort, plus de Dieu; corps mort, plus d'âme. Or j'ai en moi le sentiment de l'Infini dans tous les sens et rien ne le réalise à mes yeux que la conception de Dieu substantiel. J'ai en moi le sentiment de ma responsabilité et je ne vois pour y satisfaire que la persistance de mon âme après la vie. Sans cela ces sentiments seraient bien inutiles; car ma responsabilité tomberait au niveau de celle du chien, — la peine légale ou le coup de fouet.

Mais c'est là une explosion de sentiment qui

(1) L'âme exerce, par des procédés que je ne puis pas comprendre, une action sur le corps vivant; mais elle n'est pas la cause de sa vie. Car pour moi, après P. J. Barthez les mots âme et cause de la vie ne sont pas synonimes.

n'est pas une preuve scientifique ; aussi je m'arrête, n'ayant pas la moindre volonté de rappeler ici les preuves connues de l'existence de Dieu et de la persistance de l'âme humaine après la mort. Aussi bien il n'en est pas besoin puisque c'est à vous que je m'adresse. Je sais que vous reconnaissez un autre Dieu que celui du Panthéisme et que vous admettez l'immortalité de l'âme. Je n'ai, pour en être certain, qu'à me reporter à ces deux belles pages de votre livre (437-438) où vous confessez l'existence d'une âme qui ne meurt pas qui ne saurait mourir et qui, à l'opposé du corps qu'elle anime, est vouée à l'immortalité.

Eh bien ! ici, sauf explication, je trouve une contradiction entre le commencement et la fin de votre livre.

L'âme naît au moment de la fécondation de la cellule première, elle n'existe pas par elle-même, elle n'est pas substantialisée en elle même, elle n'est pas quelque chose d'étranger à la cellule fécondée, mais elle trouve son être dans le composé qu'elle réalise, elle partage l'évolution de ce composé, de cet individu ; et lorsque arrive la fin de cet individu, de ce composé, l'âme cesse ses fonctions vitales faute de trouver les conditions nécessaires de ses actes ; mais elle persiste, elle existe malgré la perte de ces conditions. Donc si les choses se passent ainsi, l'âme après la mort, existe par elle-même et prouve par là qu'elle est substantielle en elle-même et indépendante de la matière à laquelle elle a été unie. Donc, pour vous suivre, ce qui était pendant la vie une fiction pure, une abstraction impossible devient, après la mort, une réalité. N'est-ce pas là une véritable contradiction ? Qu'est une âme *immortelle* formant un individu — un — avec un corps *mortel*, si elle n'est pas distincte de ce corps, si elle n'est pas substantialisée en elle-même ? Pour concevoir que l'individu résulte de l'union intime de deux substances aussi disparates que l'âme et la matière, il n'est pas nécessaire de croire que l'âme plane, ou qu'elle est superposée, il n'est pas plus nécessaire de lui chercher un siège, on peut admettre avec vous qu'elle le pénètre dans toutes ses parties et lui imprime sa finalité. Ou mieux, il faut reconnaître que nous ne savons pas et que nous ne saurons jamais quel est le mode d'union de l'âme et du corps. C'est un mystère au-dessus de la portée de notre intelligence comme bien d'autres dont la compréhension lui est fermée à jamais.

Ici je vous entends me dire qu'en parlant ainsi je fais entrer le surnaturel dans la science, et que la science ne le reconnaît pas, ne l'admet pas, ne s'en occupe pas. Je le sais; je sais aussi, comme le dit Vacherot (1), que vous avez voulu maintenir le débat sur le terrain de la science pure. Avec lui je vous en félicite, non seulement parce que vous élevez haut et ferme le drapeau du vitalisme, mais aussi parceque vous démontrez que la science ne contredit pas le surnaturel (p. 438). En effet la lutte est double ; le matérialisme ne dirige pas seulement ses efforts contre le vitalisme. Il s'attaque surtout au surnaturel qu'il nie.

Or quelles que soient les louanges que mérite votre tentative de ne pas employer d'autres armes que celles que fournit la science, je me demande s'il n'est pas dangereux d'agir ainsi. Voyez en effet : sauf erreur

(1) Vacherot. *Revue des Deux Mondes*. (1878 ou 1879.)

de ma part, vous donnez au matérialisme une arme puissante en lui offrant une conception de la vie qui, en sauvegardant le vitalisme, détruit plutôt qu'elle ne consolide l'idée de l'immortalité de l'âme humaine, c'est-à-dire du surnaturel.

Pour la solution d'une telle question la science des choses matérielles ne me paraît ni aussi forte ni aussi armée qu'elle croit l'être. Elle ne saurait donner de preuves ni pour ni contre le surnaturel; elle n'arrive pas jusqu'à lui. Elle peut prouver que certains faits auxquels on donne une cause surnaturelle sont très naturels et par conséquent ressortissent à son empire et à ses travaux; mais c'est tout. La science pure n'a rien à faire avec le principe même du surnaturel; elle ne le contredit ni ne l'appuie par elle-même. Le matérialisme et le surnaturalisme ne sont pas les aboutissants de la science; ils en sont plutôt le point de départ : c'est à dire si vous êtes primitivement matérialiste ou surnaturaliste, la science vous suivra docilement dans l'une ou l'autre voie et vous fournira des soi-disant preuves qui ne seront en réalité que l'expression des préconceptions de votre esprit.

Quel est en effet le point culminant de la discussion entre le matérialisme et le surnaturalisme? Quelle est la question qui, résolue, entraînera et comprendra tout le reste? N'est-ce pas celle-ci :

Quelle est la cause de l'univers ?

Le surnaturalisme répond : L'univers a été créé par une activité intelligente distincte de la matière, c'est ce que l'on appelle Dieu.

Le matérialisme dit de son côté : L'univers est le résultat de l'évolution de la matière douée de ses propriétés immanentes.

La science, je dis la science des choses naturelles, qui ne sait pas ce qu'est la matière qu'elle touche, manie et décompose chaque jour, la science qui sait encore moins ce qu'est une force, peut-elle donner la compréhension de ces deux hypothèses contraires? Expliquera-t-elle et fera-t-elle comprendre ce qu'est et d'où vient cette activité intelligente; ce que sont et d'où viennent ces propriétés immanentes? Non certes, car cela dépasse l'intelligence humaine. Peut-elle au moins donner des preuves en faveur de l'une ou de l'autre assertion ?

Elle essaye et elle en trouve plusieurs dans

le genre de celles-ci : En dehors de l'intelligence humaine, je ne saisis aucune intelligence, je ne vois, je ne touche, je ne saisis que la matière en mouvement et cela me suffit pour expliquer l'univers.

Ou bien au contraire : Je juge l'œuvre universelle par l'œuvre humaine. Celle-ci étant le résultat de l'intelligence, il faut admettre que l'œuvre universelle est aussi le résutat d'une intelligence : L'intelligence humaine ne suit pas son œuvre, elle la précède. Je ne vois pas l'intelligence antérieure à l'univers, c'est vrai : mais je vois l'œuvre et je dis l'intelligence existe et a précédé l'œuvre.

Ces preuves et toutes celles du même genre sont-elles réellement scientifiques ? et suffisent-elles pour résoudre scientifiquement le problème ? Ne sont-elles pas elles-mêmes des suppositions ou de simples assertions, qui rendent compte des faits chacune à leur manière ; mais qui n'ont pas ce caractère positif, absolu, indéniable, je dirais presque matériel qui fait passer une hypothèse à l'état de fait prouvé ; et qui en conséquence ne sauraient entrainer une conviction scientifique. J'insiste sur ce dernier mot parce que si ces preuves peuvent paraître suffisantes au point de vue de la philosophie ou du sentiment, elles ne disent rien au point de vue de la science matérielle qui n'en peut pas donner d'autres. J'arrive ainsi à établir ce que je disais plus haut : c'est-à-dire : La science des choses naturelles, seule et par elle-même, n'atteint pas le surnaturel et ne prouve pas plus pour que contre son existence. Vous en donnez vous même la preuve en tournant contre le matérialisme certains arguments que celui-ci lance contre le vitalisme.

En réalité, lorsque nous nous rangeons dans l'un ou l'autre de ces camps opposés, la cause de notre détermination se trouve le plus souvent en dehors de la science qui apporte seulement un appoint pour l'appuyer quelle qu'elle soit : et si nous voulions scruter le fond de notre conscience nous y trouverions facilement la raison extra-scientifique qui détermine notre choix et qui nous conduit à en faire le point de départ de notre théorie.

Dans ces conditions, vous me paraissez vous affaiblir en sacrifiant votre point de départ, tandis que le matérialisme maintient le sien. Vous êtes en effet obligé de vous contenter de tacher de prouver et de faire comprendre que la science ne contredit pas l'existence de Dieu et de l'âme immortelle. C'est beaucoup, je le reconnais : mais vous ne pouvez pas aller plus loin et le matérialisme vous répond : Qu'importe ! Le surnaturel n'existe pas, je ne le vois pas, je n'en ai pas besoin, je ne l'admets pas. Et avec la science seule vous ne pouvez pas lui prouver qu'il est dans l'erreur. Vous avez l'air d'avouer qu'à la rigueur le surnaturel pourrait bien ne pas exister, tandis que le matérialisme ne vous concède pas qu'à la rigueur il puisse exister.

En somme cependant, en présence d'une simple négation du surnaturel je ne m'effraie pas autrement de la prédominance actuelle du matérialisme scientifique, c'est une épidémie qui règne sur l'intelligence des savants : c'est une face et peut-être une cause de cette grande épidémie sociale à laquelle l'Europe et particulièrement la France sont en proie. Cette épidémie, que combattent d'ailleurs vigoureusement ou que s'efforcent de diriger vers le bien un grand nombre d'hommes instruits et habiles, aura son terme et dispa-

raîtra pour faire place à autre chose (1).
J'ajoute, pour justifier ma confiance dans
l'avenir, qu'elle doit avoir sa raison d'être dans
l'évolution de l'humanité dirigée par le créateur universel vers une finalité que nous ne
connaissons pas ; mais qui a peut-être pour
condition (pour en revenir au temps présent
et à la science) de nous apporter une immense
quantité de travaux et de découvertes d'une
importance essentielle. Je ne discute pas ici
la question de savoir si ces travaux pourraient
être aussi avantageusement entrepris avec un
autre principe que le matérialisme, ce serait
allonger inutilement cette lettre. Il suffit de
constater que les matérialistes ont fourni une
grande partie de ces travaux. Pas plus que
vous je ne repousse de pareils résultats. Bien
loin de là, je les admire, je sens leur néces-
sité, et je me les assimile dans la portée de

______

(1) L'un des avantages de cette épidémie est, en nous
apprenant à mieux étudier ce qui tombe sous nos sens,
de nous apprendre aussi à nous défier des explications et
des théories fondées sur le sentiment ou sur les systè-
mes, soit philosophiques, soit médicaux, régnants et par
ainsi de détruire une foule d'idées théoriques ou de
préjugés qui, en encombrant la science, ont retardé ses
progrès.

mon savoir et de mon intelligence. Mais lorsqu'il s'agit de synthétiser toutes ces découvertes dans une théorie, je ne puis pas admettre celle que propose le matérialisme. Elle est simple et commode ; mais outre qu'elle n'est ni prouvée, ni compréhensible, je la trouve dangereuse ; car elle conduit à un fatalisme absolu ; c'est-à-dire à la négation de la responsabilité de chacun de nous. Aussi je repousse de toutes mes forces cette théorie qui n'est qu'une hypothèse ; et je me tourne vers l'hypothèse opposée qui me rend tout aussi bien compte des faits scientifiques et qui me laisse la liberté et la responsabilité que je sens et sais exister en moi.

Je m'arrête dans cette voie, ces sujets prêtent à de très amples développements, mais j'ai trop peu étudié la philosophie et son influence sociale pour ne pas craindre de me fourvoyer.

Pour terminer je vous assure, que, malgré les craintes que je vous ai témoignées, votre conception de la vie me séduit et que je suis diposé à l'accepter dans tous ses détails, sauf en un seul point; L'identité de la vie et de l'âme humaines. En effet votre manière de comprendre la vie en général développe et fortifie l'opinion que je m'étais faite depuis longtemps sur ce sujet. C'est en ce sens qu'en 1859 j'ai adressé à mon cher et toujours regretté Rilliet une longue lettre dans laquelle j'ai détaillé et discuté une sorte de théorie de la vie et de la nature de l'homme. Dans cette lettre, écrite d'un jet et presque sans préparation, par conséquent pas assez mûrie pour être publiée, je m'efforçais de prouver que l'homme, être complexe mais un, est constitué par une combinaison de matières et de forces graduellement plus élevées, c'est-à-dire hiérarchisées comme vous le dites et soumises aux forces vitales qui les dirigent vers un but défini sans les combattre et sans les détruire. Puis je donnais les raisons qui me faisaient préférer le vitalisme à l'animisme. Mais depuis bien des années j'attache moins d'importance à ces sujets. Toutes les opinions qui se produisent et se combattent à propos de la nature de l'homme ne sont que des hypothèses plus ou moins brillantes, mais nullement destinées à devenir des faits prouvés. L'homme, tant qu'il habite la terre, doit renoncer à connaitre sa propre nature avec certitude et à l'aide des seuls secours de son intelligence. Il me suffit d'admettre que j'ai une âme immortelle. Qu'elle est sa nature ? Est-elle la cause unique de ma vie, ce qui fait la vie des plantes et des animaux est-il identique à ce qui fait ma vie ; je l'ignore et ne puis émettre que des suppositions. Celle qui me plairait a le malheur de ne pas être admise par vous, comme par un grand nombre de philosophes et de savants plus compétents que moi ; et surtout — peut-être, — par une autorité devant laquelle j'aime à incliner mes convictions dès qu'il sagit du surnaturel. Je resterai donc très disposé à admettre votre conception de la vie humaine comme une hypothèse brillante et suffisamment fondée si toutefois vous pouvez me faire comprendre comment cette théorie s'accorde avec l'immortalité de l'âme.

Et cependant ! je ne puis m'empêcher de penser que cet accord serait parfait si vous vouliez accepter que les mots âme et cause de la vie loin d'être synonimes représentent deux forces distinctes, l'une mortelle comme le corps qu'elle fait vivre, l'autre immortelle faite par Dieu à son image. Votre conception de la vie demeurerait alors tout entière, acceptable de tous points ; ma crainte et par

suite mon objection tomberaient et il ne
me resterait qu'à admirer tout votre livre.
Mais vous penserez que je complique bien le
problème, vous me demanderez quelles sont
les fonctions de l'âme et quel rôle elle remplit
chez l'homme vivant. C'est une tout autre
question à résoudre. J'en ai touché quelques
mots dans ma lettre à Rilliet. Mais c'est là
un sujet obscur, long, difficile et sans doute
impossible à élucider. Je crains bien, à dire
ma pensée, que l'on n'attribue à l'âme des
fonctions qui sont purement vitales. L'intelligence, dont les animaux ne sont pas dépourvus,
appartient peut-être plus à la vie qu'à l'âme.
Mais un pareil sujet ne peut-être abordé dans
une simple lettre quelque longue qu'elle soit.
Aussi et de crainte de me rendre importun je
termine en m'excusant de vous avoir dérobé
beaucoup trop de votre temps précieux.

Bergerac. — Imprimerie Générale du Sud-Ouest